HVGVES DE PAGAN,

Fondateur & Premier Grand' Maître de l'Ordre des Templiers.

ENCORE que ce Heros ait pris sa Naissance dans l'Italie ; estant d'origine François, & sorty de la maison de Bretagne : Nous ferons revivre sa gloire en ce lieu, & les Eloges de ses Vertus se verront parmy celles de nos fameux Capitaines. Ses Ancestres passans les Alpes avec Tancred de Normandie , environ l'an mil de nostre salut ; eurent part aux triomphes des Victoires remportées sur les Sarrazins, qui furent tous chassez des Royaumes de Naples & de Sicile: Et par les beaux exploits qu'ils firent

a

contre ces Infidelles Mahometans, ils acquirent le surnom de
Pagan à leur famille ; a suivant le
témoignage d'une ancienne es-
criture de plus de trois cens ans
citée par Campanile & b Macella
Genealogistes. Son pere Pagan
de Pagan & Emme sa mere, Seigneurs de Forence Ville de la
Basilicate, donnérent en 1084. les
Eglises de saint Iean de Sale &
de sainte Constantine ornées &
bien fondées, vraye marque de
leur pieté & de leur puissance : à
Berenger Abbé de la Trinité de
Venose, selon les vieux titres de
ce Monastere. Et nous aprenons
de Platine, c que son Oncle Iean
de Pagan mourut l'an 1097. en
grande Authorité dans la ville de
Rome. Tant d'exemples de gran-

a *Philiberto Campanile dell Insigne de Nobili.*
b *Scipione Macella delle famiglie illustri d'I-*
  talia.
c *Platina in vita Vrbani II.*

deur, de piété & de valeur ne pouvoiét produire que des effets signalez en ce grand perſonage : duquel Mariana & Turquet[a] dans leurs Hiſtoires d'Eſpagne, parlans de l'Origine des Templiers, rapportent qu'il fut le premier Autheur & Inventeur des Religions militaires & Ordres des Chevaliers qui ont eſté & qui ſont encore dans le monde. De ſorte qu'on peut raiſonablement luy attribuer une partie de la gloire & des loüanges, qui ſont deuës à tant de grandes actions faites en Aſie, en Europe, & en Afrique en faveur de la Chretienté : par tant de belliqueuſes Religions formées à l'imitation de la ſienne. Mais afin de ne dérober rien à la verité de l'Hiſtoire, nous commencerons le recit

a *Mariana,* & *Turquet. Mayerne.* Premier Volume de l'Hiſtoire d'Eſpagne.

de ſes heroïques & pieuſes actiõs, conformément [a] à l'Archeveſque de Tyr, [b] au Cardinal Baronius, & [c] à Boſio [d] & autres en cette ſorte.

Sous le Pontificat de Gelaſe ſecond en 1118. neuf Chevaliers de nobles Maiſons, les premiers & principaux deſquels eſtoient les Venerables Seigneurs Hugues de Pagan, & Geofroy de S. Ademare, paſſérent en la Terre ſainte ; & arrivez à Hieruſalem, non moins pouſſez de devotion envers Dieu, que de zele pour la Religion Chretiene, ſe preſentérent devant Arnoul Patriarche de la Ville : & firent vœu entre ſes

a *Guillelmus Archiep. Tyrienſis in Hiſtoriâ ſacrâ.*

b *Cæſar Baronius tom.* 12. *Annal. Eccleſ.*

c *Giacomo Boſio dell' hiſt. di Malta tom. primo.*

d *Carolus Sigonius de regno Italiæ.*

Paul. Æmilius. Raphael Volaterranus. Pierre Meſſie. Favin. Les Eſtats & Empires du Monde.

mains, de Chafteté, d'Obediance, & de vivre fans propre, à la façon des Chanoines reguliers de Saint Auguftin ; ajoûtans à leur pro- feffion de combatre & faire guer- re perpetuelle aux Infidelles & Mahometans ennemis de la Re- ligion Chretiene. Au comence- ment le Roy Baudoüin fecond leur donna pour logis un apar- tement de fon Palais, joignant la Porte Meridionale du Temple de Salomon; dont ils furent ape- lez Templiers, felon la plus com- mune opinion : Et les Chanoines du mefme Temple les accom- modérent d'une place prochaine, où ils firent bâtir des Ecuries, des Chambres , & des Offices pour leurs trains & leurs Domeftiques. Et pour leur entretien en com- mun , il leur fut acordé par le Roy, le Patriarche, & les Prelats du Royaume, un certain fonds du bien de l'Eglife.

Leur premier employ fut de
tenir toûjours la Campagne, sui-
vis de leurs Ecuyers & serviteurs
armez, contre les forces des Arabes voisins : afin de rendre les
chemins assurez de leurs courses;
tant pour le comerce du Port de
Iaffe & de la Mer en Hierusalem,
que pour l'assurance des Pelerins
qui alloient visiter les saints lieux
de la Palestine. Ce qu'ils faisoiét
avec tant de danger pour eux, &
de soulagement pour les pauvres
Chretiens : que les bruits de ces
genereux & charitables Offices,
venans à se répandre dans l'Occident, comencerent à y disposer
la devotion des fideles, de les
combler de tant de biens & de
Richesses qu'ils y ont depuis pos-
sedées.

Mais lors que les armées des
Chretiens se mettoient en campagne pour combattre les Turcs,

les Arabes, & les Ægyptiens;
Hugues de Pagan avec ſes Chevaliers Religieux qui augmente-
rent enfin en grand nombre, ſe
rangeoit auprês de la perſone du
Roy de Hieruſalem : Et par ſon
courage & ſa Prudence, rendoit
de grans & ſignalez ſervices, dans
toutes les occaſions importantes
& plus perilleuſes. Comme en la
victorieuſe & ſanglante bataille
d'Antioche 1119. contre Dolde-
quin Roy de Damas & Gazes
Prince des Turcs : Au grand ſe-
cours de Iaffe, & défaite du Cali-
phe d'Ægypte 1122. à la memo-
rable Iournée d'Alep, contre
Borſequin Roy d'Orient 1124.
Au long & fameux Siege de la
Ville de Tyr, priſe en la meſme
année : Au grand combat d'Aſ-
calon contre les Arabes & les
Ægyptiens 1125. Et en la glorieu-
ſe Victoire obtenuë prés de Da-

mas 1126. au grand avantage de
la Religion Chretienne.

Dans toutes leſquelles actions
les Templiers acquirent tant d'eſtime & de renommée, que nôtre
Heros leur premier Grand'Maître fut choiſi parmy tant de grans
perſonages en 1127. pour chef de
l'Ambaſſade que le Roy de Hieruſalem , le Patriarche, & les
Princes de Syrie enuoyérent au
Pape, à l'Empereur, aux Rois &
Princes de la Chretienté : Pour
les ſolliciter d'un notable ſe-
cours, afin de pouvoir entrepren-
dre la ruïne totale du Royaume
de Damas, ſi dommageable aux
affaires de la Terre ſainte. Etant
en France, & trouvant le Con-
cile general aſſemblé dans la ville
de Troyes , ſous l'authorité de
Mathieu Cardinal Eveſque d'Al-
banie, Legat du Pape Honoré
ſecond : Il y fit aprouver & con-

firmer fon Ordre, & y receut des
mains propres de faint Bernard
des Regles & Conftitutions pour
fes Chevaliers Religieux. Tel-
lement que de cette confirma-
tion Apoftolique & de la prefen-
ce d'un fi grand Homme dans
l'Occident; la Religion des Templiers receut un fi prompt & fi
merveilleux acroiffement, de
Chevaliers & freres fervans, la
plufpart Seigneurs & Gentils-
hommes françois, comme auffi
de fonds & de richeffes : Qu'elle
en pût entretenir dans les armées
d'Orient, un camp de cinq à fix
mil hommes, les plus vaillans &
mieux aguerris de toute la Terre
fainte. Où le Grand Maître de
Pagan retourna heureufement
en 1128. à la tefte d'un grand
nombre de Seigneurs, Chevaliers, Gentils-hommes, Soldats
& Pelerins de toutes Nations ;

mais plus de la Françoise, en nombre de trente mille persônes, avec un general aplaudissement de sa conduite & de son Ambassade.

En l'année 1130. il fut en l'expedition de Damas, tenant comme en toutes les autres occasions, son Camp à part dans l'armée des Chretiens: duquel il estoit General & Souverain, tant pour la guerre que pour la Iustice. Son principal Etandart si fameux & si redoutable parmy les Ennemis, que les Orientaux apelloient Batanym, estoit la moitié blanc du côté du bâton, & l'autre moitié noir: signifiant, comme disent les historiens, sa candeur & loyauté envers les Chretiens ses amis, & sa haine & fierté contre les Infideles: Avec ce mot françois en grosse lettre VAVCENT, comme si l'un de ces Templiers eut

valu cent des Ennemis. Et ces
Chevaliers allans au combat
avec cette glorieuse Enseigne,
chantoient ce Verset à l'exemple
du Prophete Royal ; *Non nobis
Domine non nobis, sed nomini tuo
da gloriam.* Quant à leur habit.
C'estoit un manteau blanc char-
gé d'une croix octogonale de
mesme, qui fut depuis changée
en rouge sous le Pape Eugene
III. en 1150: de laquelle croix à
huit pointes, encore si celebre &
si frequente en ce temps, Hugues
de Pagan a esté l'Inventeur & le
premier qui l'a portée. Il fit aussi
paroître sa valeur en la fameuse
bataille donnée proche d'Alep
1131. par le Roy Foulques d'An-
jou successeur de Baudoüin second, contre les Turcs qui furent
tous défaits : Et sa reputation
devint si grande, qu'il fut consti-
tué le second en dignité dans le
Royaume de Hierusalem ; mar-

chant immediatement aprês le
Roy, & devant tous les Princes,
le Coneſtable, & les autres Offi-
ciers de la Courone. Lequel
Rang fut toûjours conſervé par
ſes Succeſſeurs: Et le troiſiéme
lieu donné aux Grans Maîtres,
des Hoſpitaliers ou de Malte;
Religion armée à l'exemple &
peu de temps aprês celle des
Templiers; mais moindre en force & en dignité, ſuivant les Autheurs qui en parlent.

Mais il eſt temps de finir l'hiſtoire de ſa vie par ſa mort ave-
nuë l'an 1134. Non tant à raiſon
de ſes longues années, que des
grandes fatigues ſouffertes, pour
la gloire de Dieu ſon Createur,
& l'utilité des hommes ſes freres:
dont les infaillibles recompenſes
ſont une beatitude eternelle dedans le Ciel, & une memoire
perpetuelle deſſus la terre. Et
aprês que les derniers honeurs

eurent esté rendus aux merites
d'un si vaillant & si saint Persona-
nage; les Templiers élurent Ro-
bert de Bourgogne pour Grand
Maître de leur Ordre: Dignité
la plus considerable qui fut dans
tout l'Etat des Chretiens du Le-
vant, aprês la persone Royale.
Quant à ses ARMES, il portoit
[a]bandé d'Or & d'AZUR de six
pieces, au chef de Bretagne, char-
gé d'un lambel de Gueule. Auf-
quelles la Bordure componée de
France-Naples, & de Hierusalem, fut ajoûtée en 1398. par Ga-
leot de Pagan Seneschal du
Royaume de Naples, Grand
Maître de la Maison du Roy La-
diflas, & Gouverneur hereditaire
du Château saint Elme de Naples, & de la Citadelle de Rhege:
en vertu de la concession que luy

a *Macella & Campanile della famiglia Pa-
gana.*

en fit Loüis second Roy de Naples & de Sicile, qui se voit au
long dans les[a] Autheurs des Ge-
nealogies: Et ces Armes sont encore à present celles du Duc de
Terranove à Naples, & du Comte de Pagan en France; decen-
dus en ligne directe & masculine
de Didier de Pagan Seigneur de
la ville de Forence en 1130. frere
unique & digne Heritier des heroïques & pieuses vertus de ce
grand Homme : Le premier de
tous les Chrestiens, qui a sceu
joindre la vie Active à la Con-
templative, les Armes aux vœux,
les perils de la guerre aux merites
des prieres , & les fatigues du
Camp à l'austerité de la Regle.

Fait à Paris en l'Année 1650.

a Le Roy d'Armes du Pere de Varennes.
Silvester Petra sancta de texeris gentilitiis.
Le Cæsar Armorial de Grandpré. Et la Science
Heraldique de Prade.

F I N.

HARANGVE
DV
COMTE DE PAGAN,

Prononcée dans l'Academie de la Comteſſe d'Auxy.

A Paris l'année 16ʒ8.

MES DAMES. Si j'avois à ſouhaiter des graces particulieres de ma fortune; je ne luy en demanderois point d'autre que celle de vous plaire aujourd'huy : Autant pour me rendre digne du choix qu'on a fait de moy pour entretenir la Compagnie, que pour vous faire conoître que toutes mes actions ſont autant de marques de mon obeïſſance. Ie n'auray jamais de penſées contraires aux ordres qui me viendront de vous, & puiſque l'Empire que vous avez fur tous les hommes eſt tres-abſolu ſur mon Eſprit, vous n'y treuverez jamais de reſiſtance. Ce n'eſt pas ſeulement dés cette heure que je ſçay deferer à de ſi belles ames : & que je ſçay auſſi que la puiſſance d'une divine Beauté eſt par tout ſouveraine. Il y a longtemps que j'en ay ſenty les attraits, & que j'ay connu par experience : Que les plus beaux Ouvrages de Dieu & de la Nature, ſont compris dans les perfeƈtions d'un beau corps,& dans les vertus d'un Eſprit ſublime. Ne doutez donc plus, Mes Dames, puis que ces merveilles ſe trouvent en vos perſones;que mes intentions ne ſoient diſpoſées à ſuivre les loix que vous avez etablies en cette Aſſemblee: Illuſtre par vos preſences , & par la reputation de tant de perſonages ſçavans

vans qui la compofent. Aprês la confeſſion que je viens de faire de ma propre bouche, je ſerois coupable en cherchant des fuit-tes pour ne vous pas entretenir : Et mes excuſes, quelques legiti-mes qu'elles fuſſent, ſeroient cri-minelles. Auſſi mon impuiſſance vaincuë par la meſme foibleſſe qui m'en devroit exemter, ne ſçauroit plus combattre vos char-mes : Ie cede puis que je parle, & j'obeïs, puis qu'au milieu de cet-te compagnie mes paroles ſont eſcoutées. Mais que pouvez vous attendre, Meſſieurs, d'une per-ſone qui a paſſé toute ſa vie, ou dans la Cour, ou dans les armées? Vous n'y rencontrerez point ny la politeſſe du diſcours, ny la ſub-tilité des penſées, de celuy qui ſe fit derniérement admirer. Auſſi ma condition bien éloignée de la douceur d'une ſemblable vie,

b

ne m'a jamais permis de faire un Ouvrage parfait : Car bien que les Sciences ayent toûjours eu beaucoup de part en mon esprit; mon ambition proportionée à ma naissance, a toûjours preferé la gloire des Armes à celle des Lettres. Ie n'ay pas esté nourri dedans un cabinet, ny esté eslevé parmy des Livres : aussi n'ay je point treuvé en mes papiers, ny des traitez achevez, ny des pieces entieres. Parce que n'ayant pour but de mes estudes que ma propre satisfaction : Ie n'ay iamais travaillé pour persone. Coment pouvois-je donc en si peu de temps me mettre en estat de satisfaire à la grandeur de vos Genies : Puis qu'Aristote mesme se plaignoit d'Alexãdre, de ce qu'il ne luy avoit donné qu'un mois pour luy composer une Harangue; Ce Philosophe representant

à ce Roy victorieux, qu'il estoit
bien plus difficile de ranger des
paroles que des armées. Ie vous
l'avoüe, & ce discours vous le
peut faire conoître, que l'Elo-
quence & la Poësie n'ont point
encore ocupé ny mes soins, ny
mes pensées : Et que je me suis
toûjours bien plus ataché à me
rendre digne de leurs loüanges
qu'à me rendre capable de m'en
servir pour celles d'autruy. A
l'exemple de ces premiers Ro-
mains qui exerçoient leurs corps
aux fatigues de la guerre, leurs
courages aux perils des combats,
& leurs Esprits au gouvernement
de leur Republique : Sans tirer
autre fruit de leurs belles actions,
que le plaisir de les avoir execu-
tées. Ce qui fait dire à Saluste,
que l'obscurité de leur Histoire
ne procedoit que du peu de soin
qu'ils avoient eu de l'escrire. Il ne

seroit pas raisonable aussi que
tous s'employassent à de mêmes
choses , cette agreable diversité
qui paroît en tous les Ouvrages
de la Nature, est encore bien-
seante parmy les hommes : Et
comme le concert d'une Musi-
que bien ordonnée consiste en la
parfaite Vnion de plusieurs diffe-
rentes parties; ainsi le Iuste comerce qui est parmi nous dêpend
de l'inegalité de nos conditions
& de nos persones. Les unes as-
surées dans l'enclos d'une forte
muraille , jouïssans de la felicité
d'un repos tres-heureux , culti-
vent les Arts & les Sciences : &
les autres dispersées par les vastes
campagnes, exigent par leurs tra-
vaux & leur industrie des fruits
pour nostre conservation. Il suf-
firoit de ces deux professions dans
le Monde , si la violence des mê-
chans n'entreprenoit tous les

jours fur l'innocence des gens de bien : Ce qui fut caufe, au raport de Seneque, que les Sages donérent des Loix, & permirent de faire la guerre. Et c'eft en cette derniére ocupation que s'appliquent les Ames les plus êlevées, & les courages les plus genereux: puis qu'il faut une extreme refolution & une force extraordinaire pour s'expofer fi fouvent aux incommoditez, aux bleffures & à la mort mefme. Ce feroit dans ce noble genre de vie que je prendrois des fuiets pour vous entretenir : fi la crainte de troubler la douceur d'une fi agreable converfation ne m'en deffendoit la penfée. Et quelle apparence de vous raconter icy la methode qu'il faut obferver durant le cours d'une longue guerre, coment il faut faire combatre une armée; coment forcer des retranche-

mens, & attaquer des forterefles:
aufli ne veux je point continuer
un recit fi peu convenable; quoi-
que ces matiéres foient les plus
prefentes à mon efprit, pour être
les plus conformes à ma fortune.
Ne vous imaginez pas toutefois
que l'Art de bien faire la guerre,
confifte en fi peu de chofes, qu'il
ne defire à un Capitaine plufieurs
belles & diverfes conoiffances:
L'Hiftoire, la Carte, la Politique, & la Morale, luy font éga-
lement neceffaires. L'Hiftoire
luy donc une experience fans
peril, & une imitation fans envie.
La Carte luy montre non feule-
ment la fituation des Provinces
particulieres: Mais encore des
Royaumes, des Mers, & des Ri-
vieres. La Politique luy fait conoître aufli parfaitement fa puif-
fance ou fa foibleffe, que celle de
fes ennemis: Et la Morale le com-

ble de toutes les Vertus qui peu-
vent immortalifer fa gloire. Les
Mathematiques ne luy font pas
moins avantageufes, puis qu'on
ne peut faire les dénombremens
fi frequens fans le fecours de l'A-
rithmetique : ny fçavoir les for-
tifications fans la Geometrie. Po-
lybe de plus veut qu'il foit verfé
en l'Aftronomie, pour rendre les
entreprifes plus affurées: Et Tite
Live auffi bien que Vegece luy
defire quelque conoiffance de la
Phyfique, pour remarquer les di-
vers Temperamens des Nations,
les caufes des maladies, & les qua-
litez des lieux où l'on doit cam-
per les Armées. Mais la crainte
de vous importuner par la trop
grande eftenduë d'un fi vafte fu-
jet, me fait rompre la fuite de ce
difcours ennuyeux , pour m'a-
dreffer encore une fois à ces Dames, & leur faire conoiftre que

tout ce que j'ay dit en faveur des
Guerriers, n'eſt que pour élever
davantage leur gloire. Et comme
autrefois les Payens par des Or-
nemens pompeux & magnifiques
rendoient leurs victimes plus
agreables à leurs Divinitez: Ainſi
rendant ces genereux Vain-
queurs plus parfaits, je les rends
auſſi plus dignes de leurs Con-
queſtes. Que ſi nous voulons
avouër la verité, n'eſt ce pas vous,
Meſdames, qui eſtes les dernié-
res Victorieuſes du Monde, puis
que tous les Conquerans de la
Terre vous font hommage de
leurs Trophées ? Ils cueillent des
Palmes & des Lauriers; mais c'eſt
pour vous en couronner. Ils
triomphent d'un grand nombre
de captifs : mais c'eſt pour ſe mettre glorieux en vos chaînes. Ils
ſoûmettent une infinité de Peu-
ples & de Natiõs; mais c'eſt pour
vous

vous rendre des soûmiſſions illu-
ſtres. Et tout l'honeur & la reputation qu'ils raportent de tant
de perils & de peines, ne leur
ſont que des moyens pour acque-
rir vôtre eſtime.

Aprés la Harangue prononcée,
le Comte de Pagan ferma la
journée par le divertiſſement
d'un tres-beau concert de Luths
& de Violes, qu'il voulut donner
à l'Aſſemblée ; pour ſuppléer à la
brieveté de ſon diſcours ; trop
court pour une apreſdiſnée, mais
aſſés long pour trois jours ſeulement qu'il eut à le faire.

www.ingramcontent.com/pod-product-compliance
Lightning Source LLC
Chambersburg PA
CBHW070147200326
41520CB00018B/5335